ハシブトガラス
（『みぢかなとり』20ページ）

カラスの　なかまは、せかい中に　います。
はし（くちばし）が　ふといのが、ハシブトガラス、
　　ほそいのが　ハシボソガラスです。

監修のことば

　鳥のくちばしを見るたびに、その形や動きのふしぎさに感動します。ときには、理解できないような変な形に、頭をひねってしまいます。

　くちばしの先が食いちがっていたり、下のくちばしのほうが長かったり、上や下のほうへ曲がっていたり……。「どうしてそんな形をしているの？」と鳥に聞きたくなることもあります。もちろん鳥は答えてくれないので、自分で想像するしかありません。

　想像するといっても、研究者の場合は科学的に考えます。遠い昔から、たくさんの研究者が、なぞを解こうとしてきました。そして、それは今も続けられています。

　研究者の多くは、くちばしの形は、進化の結果だと考えています。えさをとりやすいとか、メスに好かれやすいとか、体温調節に役立つなど、生きたり、子孫を残したりするのに有利なくちばしの形が、気の遠くなるような長い時間の中で選ばれたと考えているのです。選ばれたといっても、それは、偶然の積みかさねで選ばれてきました。もしかしたら、もっとよいくちばしをもった鳥が遠い昔にいたかもしれませんが、偶然生き残れなかっただけなのかもしれません。

　そんなふうに、この本で紹介した鳥の、さまざまなくちばしの形を見ながら、その役割やはたらきや進化について、いろいろと考えてみてはどうでしょうか？

　そして、ふしぎなくちばしの鳥たちにとって大切な環境が、じつは私たち人間にとっても大切なのだということに気づいてもらえれば、とてもうれしいです。

村田浩一（むらた こういち）

1952(昭和27)年、神戸市生まれ。宮崎大学農学部獣医学科卒業。博士(獣医学)。
日本大学生物資源科学部教授。よこはま動物園ズーラシア園長。
1978年から23年間、神戸市立王子動物園に獣医師として勤務。動物の治療を行うと共に、野生動物の病気に関する研究や、希少動物の繁殖・野生復帰に関する研究を進めてきた。現在は、大学の教授と共に動物園の園長も兼務し、楽しく学べる動物園を目指して活動している。また、失われつつある生物多様性の保全に貢献するため野生動物を科学的に探究。獣医学や地球環境科学の観点から、健全な生態系のあり方や、環境と動物との関係についても研究している。
主な編著監修書に『動物園学入門』(朝倉書店)、『動物園学』(文永堂出版)、『獣医学・応用動物科学系学生のための野生動物学』(文永堂出版)、『検定クイズ100 動物 (ポケットポプラディア)』(ポプラ社)、『それゆけどうぶつ』(ぱすてる書房)、『どうぶつえんにいこう』(文渓堂)などがある。

くちばしのずかん
みずべのとり

村田浩一 ● 監修

カワセミ
シギ
タンチョウ
ほか

金の星社

とりは、せかい中の
いろいろな ばしょに すんで います。
この 本では、川や みずうみ、うみなどの ちかくに すむ とりたちの
くちばしの ひみつを しょうかいします。

さかなを くわえた
ニシツノメドリ

みずうみで
えさを たべる
フラミンゴ

とぶように
およぐ
コウテイペンギン

するどく　とがった　くちばしです。
さかなを　くわえて　いますね。

なんの　くちばしでしょう？

カワセミ

カワセミの くちばしです。
カワセミは、川(かわ)や みずうみなどの みずべに すみ、
さかなを とって たべます。
青(あお)く うつくしいので、「みずべの ほう石(せき)」と よばれて います。

水に とびこんだ カワセミ

さかなを くわえて 水から とびだす カワセミ

木の 上などから 水中の さかなを さがします。
さかなを 見つけると 水の 中に あたまから とびこんで、
するどい くちばしで さかなを くわえて とびだします。
とった さかなを おとさないように、くちばしで しっかりと くわえて とびます。

とった さかなで、プロポーズする ことも あります。左の オスが 右の メスに、
「ぼくと けっこんしようよ」と、とった さかなを プレゼントして います。

カワセミの オスと メス

くちばしを つかって 気もちを つたえる

カワセミは、とった さかなを じぶんの くちばしから
あい手の くちばしへ わたして、プロポーズしますが、
ほかにも くちばしを つかって 気もちを つたえる とりが います。

ダイサギは、みずべで ドジョウや カエルなどを とって たべます。
すは、木の 上に つくります。
けっこんする きせつに なると、オスが メスに すを つくる ざいりょうの えだなどを くちばしから くちばしへ わたして、プロポーズします。

ダイサギ

コウノトリの なかまは、おとなに なると、こえを 出しませんが、くちばしを カスタネットのように うちあわせて「カタカタ」と 音を 出して 気もちを つたえます。
2わの ふうふが、おたがいに「大すきだよ」と 気もちを つたえあって います。「ここから 出ていけ」と いう ときや、「けっこんしよう」と いう ときも、音を 出して、気もちを つたえます。

コウノトリの なかまの シュバシコウ

ほそながく 下(した)むきに すこし まがった くちばしです。
カニを くわえて いますね。

なんの くちばしでしょう？

カニを つかまえた チュウシャクシギ

チュウシャクシギと いう シギの なかまの くちばしです。
シギの なかまは、うみの あさせや 田んぼなどの みずべで、
カニや ゴカイなど 小さな 生きものを たべます。

シギの くちばしは、とる えさや とりかたに あった かたちを して います。
チュウシャクシギは、すこし 下むきに まがった ほそながい くちばしを
すなや どろの 中に 入れて、カニや ゴカイなどを ひっぱりだして たべます。

ソリハシセイタカシギは、うみの
あさせなどで 水の 中の 小さな
エビなどを たべます。
上むきに すこし まがった
ほそながい くちばしで、すいめんを
左右に なぞるように して、小さな
生きものを つかまえて たべます。

えさを とる ソリハシセイタカシギ

ひらたくて ながい くちばしです。
へらや ながい しゃもじのような かたちを して いますね。

なんの くちばしでしょう？

ベニヘラサギ

ヘラサギの なかまの ベニヘラサギの くちばしです。
ヘラサギは、川や みずうみ、水田などで、さかなや カエルなどを たべます。

へらのような くちばしを 水の 中に 入れて、すこし ひらきながら 左右に ふります。えものが くちばしに あたると くちばしで はさみ、
くちばしを 水から 出して、えものを 口の おくに ほうりこんで のみこみます。
ヘラサギは、コウノトリに ちかい なかまです。なくことも できますが、くちばしを うちあわせて 音を 出して 気もちを つたえる ことも あります。

さかなを たべる ヘラサギ

ほそながくて　するどい　くちばしです。
ないて　いるようですね。

なんの　くちばしでしょう？

タンチョウの　くちばしです。
タンチョウは　ツルの　なかまです。
ツルの　なかまは、ラッパのように
こえを　ひびかせて　大きな
こえで　なく　ことが　できます。

タンチョウは、けっこんした
あい手に　「大すきだよ」と
つたえる　ときに、オスと　メスとで
なきあいます。
しつげん（水の　おおい　そうげん）
などで、虫や　さかななどの
小さな　どうぶつや　しょくぶつを
くちばしで　はさんで　とります。

なきあう　タンチョウの　オスと　メス

ひなは、たまごから　かえると　すぐに
あるく　ことが　できます。まだ
みじかい　くちばしですが、
おやと　いっしょに
水の　中の　えさを　さがします。

えさを　さがす　タンチョウの　おや子

大きな ふくろが ついた ほそながい くちばしです。
さかなを つかまえたようですね。

なんの くちばしでしょう？

コシグロペリカンと いう
ペリカンの なかまの くちばしです。
ペリカンの くちばしは、
ながい ものは 50センチメートル
ほども あって、とりの 中で
いちばん ながい くちばしです。

ながい くちばしには、のびちぢみする
大きな ふくろが ついて います。

コシグロペリカン

さかなを とる カッショクペリカン

水の 中に あたまを 入れ、くちばしを
大きく ひらき、ふくろで さかなを
つかまえます。ふくろに さかなが
入ると、あたまを 水から 出します。
その とき、くちばしを すこし あけて、
さかなは にがさずに 水だけ
そとに 出して、さかなを のみこみます。

ふとくて　大きく、下むきに　まがった　くちばしです。
したには、とげのような　ものが　ありますね。

なんの　くちばしでしょう？

えさを とる オオフラミンゴ

オオフラミンゴと いう フラミンゴの なかまの くちばしです。
フラミンゴは、みずうみなどの みずべに すみ、
水(みず)の 中(なか)の とても 小(ちい)さな 生(い)きものを たべます。

まがった くちばしを、水(みず)の 中(なか)に
入(い)れて えさを たべます。
上(うえ)の くちばしには、
くしのような かたちを した
ぶぶんが あります。
したを なんども うごかして
水(みず)を 出(だ)し入(い)れして、えさだけが
口(くち)の 中(なか)に のこるように します。
したには とげのような ものが
あるので、えさは くちの おくに
おくられ、のみこまれます。

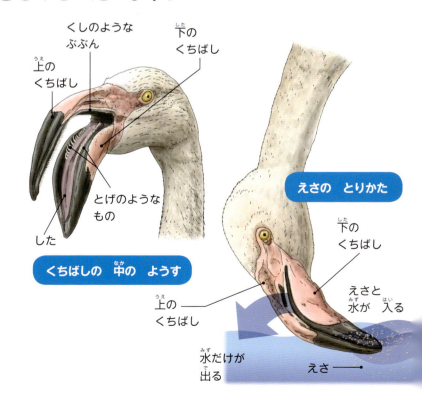

くちばしの 中の ようす

えさの とりかた

16

フラミンゴは、のどの おくから 出る ミルクのような えきたい（フラミンゴミルク）で ひなを そだてます。わたしたちのような ほにゅうるい（子どもを ミルクで そだてる どうぶつ）は、おかあさんが おっぱいから ミルクを あたえますが、フラミンゴは おとうさんも くちばしから フラミンゴミルクを あたえます。

ひなに フラミンゴミルクを あたえる
ヨーロッパフラミンゴの おや

なに に いて いるかな？

とりたちの くちばしには、さまざまな つかいかたが あります。
わたしたちが つかって いる どうぐに にて いる ものも あります。

ベニヘラサギ

ヘラサギの なかまは、たいらな いたのような くちばしで、さかなどを はさんで とります。パンや ケーキなどを はさむ トングに にて います。

バケツ

ペリカンの なかまは、くちばしに ついた 大きな ふくろで、さかなを とります。バケツに にて いますね。

ニシハイイロペリカン

オオフラミンゴ

フラミンゴの なかまは、くちばしに ある くしのような ぶぶんで、えさを こして たべます。ふるいに にて いますね。

コウノトリの なかまは、くちばしを うちあわせて 音を 出して、気もちを つたえます。カスタネットに にて います。

シュバシコウ

大きくて 先は うすく なって いる くちばしです。
下の くちばしに くらべて 上の くちばしが
大きいですね。

なんの くちばしでしょう？

水草を たべる オオハクチョウ

ハクチョウの なかまの オオハクチョウの くちばしです。
ハクチョウは、みずうみなどの みずべに すみ、
水草や 草の ねなどを たべます。

ながい くびを 水中に のばして、
水草を くちばしで ちぎって
たべる ことも あります。
オオハクチョウは、ロシアなど さむい
ちほうで ひなを そだて、
ふゆに なると ほっかいどうなどに
とんで きます。

水中の えさを たべる オオハクチョウ

ふとくて　とても　大きい　くちばしです。
上の　くちばしの　先が　まがって　とがって　いますね。

なんの　くちばしでしょう？

じっと うごかない ハシビロコウ

ハシビロコウの くちばしです。
ハシビロコウは、アフリカに すんで います。
じっと うごかない ことで しられて
いますが、かりの ときは すばやく うごきます。

みずべに たって、じっと うごかずに さかなを
まちぶせします。
さかなが すいめん ちかくに くると、
さかな めがけて からだごと 水に たおれこんで、
大きな くちばしで さかなを つかまえます。
上の くちばしの 先が まがって するどく
とがって いるので、大きな さかなでも
ひっかけて とる ことが できます。
とった さかなは、あたまから のみこみます。

さかなを とらえた
ハシビロコウ

ほそくて ながい くちばしです。
先(さき)が するどく とがって いますね。

なんの くちばしでしょう？

ヘビウの　なかまの　アメリカヘビウの　くちばしです。
ヘビウは　川や　みずうみなどに　すみ、さかなを　たべます。

ほそながく　するどい
くちばしで、およいで　いる
さかなを　つきさして
つかまえる　ことも　あります。

さかなを　くちばしで　つきさした
アメリカヘビウ

つかまえた　さかなは、あたまから
のみこみます。
さかなの　うろこは、あたまから
おに　むかって　ならんで　いるので、
おから　のみこむと　のどに
うろこが　ひっかかって、
のみこみにくいからです。

さかなを　のみこむ　アメリカヘビウ

ほそくて　ながい　くちばしです。
上(うえ)の　くちばしより　下(した)の　くちばしの　ほうが
ながいですね。

なんの　くちばしでしょう？

クロハサミアジサシ

クロハサミアジサシの　くちばしです。
上の　くちばしより　下の
くちばしの　ほうが　ながいのは、
とりの　中で
クロハサミアジサシだけです。

クロハサミアジサシは、
アメリカたいりくの　かいがんや
川などに　すみ、さかなを　たべます。

口を　あけて　すいめん　すれすれを　とびます。下の　くちばしだけ
水に　つけて　とび、くちばしに　さかなが　あたると、すばやく　くちばしを
とじ、さかなを　はさみます。このような　かりを　するのに、下の
くちばしが　ながい　ことが　べんりなのです。

すいめん　すれすれを　とぶ
クロハサミアジサシ

いろあざやかで 大(おお)きな くちばしです。
2わで くちばしを あわせて いますね。

なんの くちばしでしょう?

ニシツノメドリの　くちばしです。
ニシツノメドリは、ふだんは
うみの　上(うえ)で　くらして　います。

ニシツノメドリの　オスと　メス

子(こ)そだての　きせつに　なると
かいがんに　あつまり、オスと　メスが
たがいに　くちばしを　くっつけたり
たたいたり　して、
「すきだよ」と　つたえあいます。
ひなが　生(う)まれると、おやは　うみで
たくさんの　さかなを　とって、
ひなに　はこびます。くちばしと
とげの　ある　したを　つかう　ことで、
たくさんの　さかなを
つかまえる　ことが　できるのです。
子(こ)そだての　きせつが　おわると、
あざやかな　いろの　くちばしは、
じみな　はいいろの　くちばしに
なります。

さかなを　くわえて　ひなに　はこぶ
ニシツノメドリの　おや

ながくて 先が ほそい くちばしです。
口の 中に とげのような ものが ありますね。

なんの くちばしでしょう？

29

ペンギンの　なかまの　コウテイペンギンの　くちばしです。
ペンギンは　とべませんが、およぐのは、とても　じょうずです。

およぎながら　くちばしで　さかななどを　つかまえて　のみこみます。
ペンギンの　したと　上あご(うわ)には、とげのような　ものが、口(くち)の　おくに　むかって
たくさん　あるので、つかまえた　えものが　にげないように、
しっかりと　くわえる　ことが　できます。

コウテイペンギンは、なんきょくに　すんで　います。
うみに　もぐって　さかななどを　とって　たべますが、
たまごは、うみから　とおく　はなれた　ばしょで　うみます。
たまごは　オスが　あたためます。メスは　たまごを　うむと　やせて　しまうため、
また　うみまで　もどって　えさを　たべないと　いけないからです。

およぐ　コウテイペンギン

ひなが かえる ころに なると
メスが もどります。
その あとは オスと メスが
こうたいで うみに いき、
えさを たべて もどり、
口(くち)うつしで ひなに
あたえます。

ひなに えさを あたえる
コウテイペンギンの おや

広い海や美しい川や湖など、水辺で生きる鳥たち

　地球の表面積の約70パーセントは海です。水の惑星とよばれる地球は、川や湖も含め、豊かな水をたたえています。水辺に生きる鳥たちも、その環境に合った形に、姿が変化しました。

　水辺にくらす鳥のくちばしには、それぞれの食性に合った独特の形があります。水中に飛びこんで魚をとらえるカワセミのくちばしは、鋭くとがっています。シギの仲間のくちばしは、獲物のとり方に合った形をしています。湿原で魚や植物などをとるタンチョウのくちばしは、細長くとがっています。魚を突き刺してとらえるヘビウのくちばしは、鋭いヤリのような形です。

　また、ペリカンのくちばしには伸縮性のある大きな袋があり、フラミンゴのくちばしにはプランクトンをこしとるクシ状の構造があります。ペンギンの口の中には、とらえた獲物を逃がさないことに役立つ突起が、奥に向かってたくさんあります。

　くちばしには、食べるだけでなく、意思を伝える働きもあります。ニシツノメドリは、互いにくちばしを打ちあわせるなどして求愛をしますし、コウノトリは、くちばしを打ちあわせて音を出し（クラッタリングといいます）、求愛や挨拶や威嚇をします。

　カワセミやダイサギの、オスからメスへの求愛のプレゼントも、くちばしからくちばしへ、魚や巣材を渡します。

　北極から南極まで、鳥は、さまざまな水辺に進出しましたが、タンチョウやコウノトリなど、水辺の環境の悪化から、絶滅が心配されている鳥もいます。

　いっぽうで、川や池の水を浄化するなどの活動の結果、カワセミのように、各地で生息数が増えている鳥もいます。鳥たちにとって生きやすい環境は、わたしたち人間にとっても過ごしやすい環境なのです。

くちばしのずかんシリーズ 全③巻　　村田浩一 監修

鳥のくちばしは、さまざまな形をしています。大きいものや小さいもの、平らなものやとがったもの。いずれも、食べもののとり方やくらし方に合った形をしています。くちばしの形から、鳥たちの生態が見えてきます。さらに、鳥の進化や、コミュニケーションの方法などについても知ることができます。見返しでは、実際のくちばしの大きさも紹介しています。

のやまのとり
キツツキ・オウム・ハチドリほか

木をたたいて穴をあけて中の虫を食べるキツツキの鋭くとがったくちばしや、種のかたい殻も割ることができるオウムの太くて大きなくちばし、花の蜜を吸うハチドリの細くて長いくちばしなど、森や林、草原にくらす鳥たちのくちばしを紹介します。

キツツキ／オウム／ハチドリ／オニオオハシ／タカ／フクロウ／キーウィ／フィンチ／イスカ／ハチクイ／ヨタカ／ハタオリドリ

みずべのとり
カワセミ・シギ・タンチョウほか

水に飛びこんで魚をとらえるカワセミの鋭くとがったくちばしや、獲物やそのとり方に合った形をしたシギの仲間のくちばし、湿原でえさをとるタンチョウの細長いくちばしなど、海や湖や川などにくらす鳥たちのくちばしを紹介します。

カワセミ／シギ／ヘラサギ／タンチョウ／ペリカン／フラミンゴ／ハクチョウ／ハシビロコウ／ヘビウ／クロハサミアジサシ／ニシツノメドリ／ペンギン

みぢかなとり
スズメ・メジロ・カラスほか

植物の種や昆虫を食べるスズメの短くて太いくちばしや、花の蜜をなめとるメジロの細くて少し長いくちばし、昆虫から鳥、小さな動物や生ゴミまで食べるカラスの太くて長いくちばしなど、街で生きる鳥や人に飼われてくらす鳥たちのくちばしを紹介します。

スズメ／メジロ／ヒヨドリ／インコ／ニワトリ／ハト／ツバメ／カラス／ジョウビタキ／ムクドリ／トビ／カルガモ

※「くちばしのずかん」シリーズでは、基本的に鳥の名前を種名で紹介しています。和名については、もっとも一般的なものを採用しました。「キツツキ」のようにグループ名（分類群名）のほうが親しまれているものは、グループ名も同時に紹介し、その特徴も解説しています。

■編集スタッフ
編集／ネイチャー＆サイエンス
（三谷英生・荒井 正・野見山ふみこ）
写真／アマナイメージズ
文／野見山ふみこ
イラスト／マカベアキオ
装丁・デザイン／鷹觜麻衣子

くちばしのずかん
みずべのとり　カワセミ・シギ・タンチョウほか

初版発行　2015年3月　第12刷発行　2021年8月

監修　　村田浩一
発行所　株式会社 金の星社
　　　　〒111-0056　東京都台東区小島1-4-3
　　　　TEL 03-3861-1861（代表）　FAX 03-3861-1507
　　　　振替 00100-0-64678　ホームページ http://www.kinnohoshi.co.jp
印刷　　株式会社 廣済堂
製本　　東京美術紙工

NDC488　32ページ　26.6cm　ISBN978-4-323-04138-4
©Nature&Science, 2015　Published by KIN-NO-HOSHI SHA, Tokyo, Japan
■乱丁落丁本は、ご面倒ですが小社販売部宛ご送付下さい。送料小社負担にてお取替えいたします。

JCOPY 〈(社)出版者著作権管理機構　委託出版物〉
本書の無断複写は著作権法上での例外を除き禁じられています。複写される場合は、そのつど事前に、(社)出版者著作権管理機構（電話 03-3513-6969、FAX 03-3513-6979、e-mail: info@jcopy.or.jp）の許諾を得てください。
※本書を代行業者等の第三者に依頼してスキャンやデジタル化することは、たとえ個人や家庭内での利用でも著作権法違反です。

ほんとうの 大きさ

ツバメの ひな
(『みぢかなとり』18ページ)

小さな からだで
くびを せいいっぱい のばし、
口を 大きく あけて、
おやに えさを ねだります。

フクロウ
(『のやまのとり』16ページ)

するどく とがった
くちばしです。
くちばしは 小さいのですが、
口を 大きく あける
ことが できます。